누구나 읽을 수 있는

유클리드

기하학원론 II

누구나 읽을 수 있는 유클리드 기하학원론 II

초판발행 2023년 1월 1일

저　　자 정완상 지음
펴 낸 곳 지오북스
물　　류 경기도 파주시 상골길 339 (맥금동 557-24) 고려출판물류 内 지오북스
등　　록 2016년 3월 7일 제395-2016-000014호
전　　화 02)381-0706 ｜ 팩스 02)371-0706
이 메 일 emotion-books@naver.com
홈페이지 www.geobooks.co.kr
정　　가 15,000원
I S B N 979-11-91346-54-1

이 책은 저작권법으로 보호받는 저작물입니다.
이 책의 내용을 전부 또는 일부를 무단으로 전재하거나 복제할 수 없습니다.
파본이나 잘못된 책은 바꿔드립니다.

목 차

제5권 비와 비율 — 3
- 5-1 연산의 기본법칙 — 3
- 5-2 비와 비율 — 10
- 5-3 비례식의 응용 — 22
- 5-4 배수 — 28

제6권 도형의 닮음 — 32

제7권 정수론 — 40
- 7-1 약수 — 59
- 7-2 서로소 — 62

제8권 수들의 비율 — 69

제9권 정수론 — 81
- 9-1 제곱수와 세제곱수의 성질 — 85
- 9-2 등비수열의 성질 — 90
- 9-3 홀수와 짝수의 성질 — 97
- 9-4 기타 — 109

누구나 읽을 수 있는
유클리드 기하학원론 Ⅱ

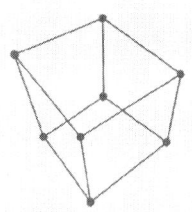

제5권
비와 비율

5-1 연산의 기본법칙

유클리드 시대 때는 음수가 없었다. 그리고 유클리드 시대에 중요한 수는 자연수이다. 그러므로 앞으로 특별한 말이 없으면 수를 자연수라고 생각하면 된다.

자연수는 우리가 물건을 셀 때 흔히 사용하는 수이고 여러분이 가장 먼저 배운 수이다. 자연수는 다음과 같다.

1, 2, 3, 4, …

위의 수들을 자세히 보면, 각각의 수들 사이의 차이가 1임을 알 수 있다. 즉

2는 1보다 1큰 수이고 3은 2보다 1큰 수이다. 이렇게 자연수는 1부터 시작하여 1씩 커지는 수들이다. 명제란 참과 거짓을 명확하게 구별할 수 있는 문장을 말한다. 예를 들어, '고래는 포유류이다.'라는 문장은 항상 참이다. 그러므로 이 문장은 참 거짓을 구별할 수 있으므로 명제이다. 하지만 '사과는 빨갛다.' 와 같은 문장은 참 거짓을 구별할 수 없으므로 명제가 아니다. 다음 명제를 보자.

자연수의 개수는 무한히 많다.

유한이란 '끝이 있다는 것'을 의미하고, 무한이란 '끝이 없는 것'을 의미한다. 자연수는 1씩 차이가 나는 수이니까 점점 1씩 큰 수를 만들 수 있어 무한하다는 것을 알 수 있다. 하지만 이것은 느낌이지 자연수가 무한하다는 것을 증명한 것은 아니다. 이제 자연수가 무한하다는 것을 증명해보자. 이 증명은 부정의 부정은 긍정이라는 논리를 사용한다. 즉, '나는 바보가 아니지 않다'라고 말하면 '나는 바보이다.'와 같은 뜻이 된다. 우리가 증명해야 하는 것은 '자연수가 무한하다.'이다. 그런데 '만일 자연수가 무한하지 않다면…'이라고 가정을 해보자. 그리고 모순(앞뒤가 맞지 않음)이 생긴다면 우리의 가정이 잘못되었을 것이다. 그러니까 자연수가 무한하지 않다는 것은 잘못된 것이 되고, 그러므로 자연수는 무한하다.

이제 이 논리를 이용하여 증명을 시작해보자. 자연수의 개수가 유한하다고 가정하면 가장 큰 자연수가 있다. 가장 큰 자연수를 N이라고 해보

자. 가장 큰 자연수를 구체적인 수로 나타낼 수 없을 때 수학자들은 이렇게 알파벳 문자를 사용한다. 그렇다면 자연수는 1씩 커지는 수이니까 N보다 1 큰 수도 자연수가 된다. 즉 $N+1$은 자연수이다. 하지만 $N+1$은 N보다 크고 자연수이므로 N이 가장 큰 자연수라는 가정은 성립하지 않는다. 이것은 우리의 가정이 틀렸기 때문에 생긴 모순이다. 그러므로 가장 큰 자연수는 존재하지 않는다. 그러니까 자연수는 무한하다.

[성질 5-1]

두 자연수 a, b가 있다. 두 수의 합의 m배는 각각의 m배의 합과 같다. 즉,

$$m(a+b) = ma + mb$$

이것은 그림으로 보일 수 있다.

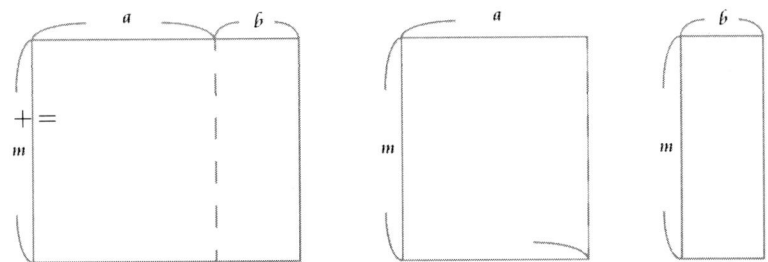

[그림 5-1]

이 성질을 확장하면 다음과 같다.

$$m\sum_{k=1}^{N} a_k = \sum_{k=1}^{N} (ma_k)$$

[성질 5-2]

두 자연수 a, b가 있다. 두 수의 차의 m배는 각각의 m배의 합과 같다. 즉,

$$m(a-b) = ma - mb$$

이것은 [성질 5-1]에서 b대신 $-b$를 넣으면 된다.

[성질 5-3]

세 수 a, b, c에 대해

$$\frac{a}{c} = \frac{b}{c}$$

이면

$$a = b$$

이다. (단 $c \neq 0$)

이것은 등식의 성질이다. 일반적으로 등식

$$A = B$$

에 대해 다음이 성립한다.

(1) 등식의 양변에 똑같은 수 m을 더해도 등식은 성립한다.

$$A + m = B + m$$

(2) 등식의 양변에서 같은 수를 빼주어도 등식은 성립한다.
$$A - m = B - m$$

(3) 등식의 양변에 같은 수를 곱해도 등식은 성립한다.
$$m \times A = m \times B$$

문자와 문자와의 곱에서는 곱셈기호를 생략할 수 있으므로 이 식은 다음과 같이 쓸 수 있다.
$$mA = mB$$

(4) 등식의 양변을 0이 아닌 같은 수로 나누어도 등식은 성립한다.
$$A \div m = B \div m \ (m\text{은 0이 아닌 수})$$

이것을 다시 쓰면 다음과 같다.

$$\frac{A}{m} = \frac{B}{m} \ (m\text{은 0이 아닌 수})$$

[성질 5-4]

세 수 a, b, c (여기서 $c > 0$)에 대해

$$\frac{a}{c} > \frac{b}{c}$$

이면

$$a > b$$

이다.

이것은 부등식의 기본성질이다.

일반적으로 부등식은 다음 성질들을 만족한다.

(1) $a > b, b > c$ 이면 $a > c$ 이다.

(2) $a > b$ 이면 $a + c > b + c, \ a - c > b - c$

(3) $a > b$ 일 때 $c > 0$ 이면 $ac > bc, \ \dfrac{a}{c} > \dfrac{b}{c}$ 이다.

(4) $a > b$ 일 때 $c < 0$ 이면 $ac < bc, \ \dfrac{a}{c} < \dfrac{b}{c}$ 이다.

누구나 읽을 수 있는
기하학원론 II

5-2 비와 비율

유클리드가 5권과 7권에서 주로 다룬 내용은 비의 성질이다. 두 개 이상의 수를 비교하는 것을 비라고 하고 $a:b$로 나타낸다. 이것을 'b에 대한 a의 비' 또는 'a와 b의 비'라고 부른다. $a:b=c:d$와 같이 두 비를 등호가 있는 식(등식)으로 나타낸 것을 비례식이라고 한다. 비례식에서 안쪽에 있는 두 수 b과 c를 내항이라고 하고 바깥쪽에 있는 두 수 a와 d을 외항이라고 부른다. 비례식에서 내항의 곱과 외항의 곱이 같으므로

$$a \times d = b \times c$$

가 성립한다.

전체 수를 기준으로 어떤 특정한 대상의 수를 비교할 때 전체 수를 기준량, 특정한 대상의 수를 비교하는 양이라고 부른다. 이때 기준량에 대한 비교하는 양의 크기를 비율이라고 한다.

$$(비율) = \frac{(비교하는~양)}{(기준량)}$$

전체를 주어진 비로 나누는 것을 비례배분이라고 부른다. 전체 개수가 N개일 때 이것을 $m:n$으로 비례배분하는 일반적인 식은 다음과 같다.

$$m : N \times \frac{m}{m+n}$$

$$n : N \times \frac{n}{m+n}$$

전체 개수가 N개일 때 이것을 $m:n:k$로 비례배분하면 다음과 같이 된다.

비례배분한 결과는 다음과 같다.

$$m : N \times \frac{m}{m+n+k}$$

$$n : N \times \frac{n}{m+n+k}$$

$$k : N \times \frac{k}{m+n+k}$$

[성질 5-5]

$$a:b=c:d \text{ 이면}$$

$$a = kc$$
$$b = kd$$

이다.

유클리드는 비례식의 기본 성질을 찾아냈다.

$$2:3=4:6$$

을 보면

$$4 = 2 \times 2$$
$$6 = 2 \times 3$$

이라는 것을 알 수 있다.

[성질 5-6]

$$a : b = c : d \text{ 이면}$$

$$ad = bc$$

비례식에서 내항의 곱은 외항의 곱과 같다는 성질이다. 이것은 다음과 같이 증명된다.

$$a : b = c : d \text{이므로 } a = kc, \ b = kd$$

이다.
그러므로

$$ad = kcd$$
$$bc = kcd$$

가 된다. 예를 들어, 2 : 3 = 4 : 6에서 내항끼리의 곱은 3 × 4 = 12이고 외항끼리의 곱은 2 × 6 = 12가 된다.

[성질 5-7]

다음이 성립한다

$$a : b = ka : kb$$

내항의 곱과 외항의 곱은 kab로 같으므로 위 등식이 성립한다.

[성질 5-8]

$a : b = c : d$ 이면

$$(a+b) : b = (c+d) : d$$

이다.

$a : b = c : d$ 이므로

$$a = kc$$
$$b = kd$$

이다.
이때

$$(a+b) : b = (kc + kd) : kd = (c+d) : d$$

[성질 5-9]

$$a:b=c:d \text{ 이면}$$

$$(a-b):b=(c-d):d$$

이다. (단 $a>b, c>d$ 이다)

$$a:b=c:d \text{ 이므로}$$

$$a=kc$$
$$b=kd$$

이다.
이때

$$(a-b):b=(kc-kd):kd=(c-d):d$$

[성질 5-10]

$$a:b = c:d \text{ 이면}$$

$$(a-c):(b-d) = a:b$$

이다. (단 $a > c, b > d$이다)

$$a:b = c:d \text{ 이므로}$$

$$a = kc$$
$$b = kd$$

이다.
이때

$$(a-c):(b-d) = (kc-c):(kd-d) = (k-1)c:(k-1)d = c:d = a:b$$

[성질 5-11]

$$a : a' = b : b' \text{이면}$$

$$a : a' = b : b' = (a+b) : (a'+b')$$

$a : a' = b : b'$ 이므로

$b = ka, \ b' = ka'$ 이다.

따라서

$$a + b = (1+k)a$$
$$a' + b' = (1+k)a'$$

이므로

$$(a+b) : (a'+b') = (1+k)a : (1+k)a' = a : a'$$

이 된다.

[성질 5-12]

$$a:b=c:d 이면$$

$$a:c=b:d \text{ 이다.}$$

$a:b=c:d$이므로

$$bc=ad$$

이고,
$ad=da$이므로

$$bc=da$$

가 되어,

$$a:c=b:d$$

가 성립한다.

[성질 5-13]

$$a:b=c:d 이고 \ c:d=e:f 이면$$

$$a:b=e:f 이다.$$

$a:b=c:d$ 이므로

$$bc=ad \quad (1)$$

이고,

$c:d=e:f$ 이므로

$$de=cf \quad (2)$$

이다.

(1)과 (2)의 좌변은 좌변끼리 우변은 우변끼리 곱하면

$$bcde=adcf$$

이다.

양변을 cd로 나누면

$$be=af$$

이므로

$$a:b=e:f$$

가 성립한다.

[성질 5-14]

$$a : b = d : e \text{이고 } b : c = e : f \text{이면}$$
$$a : c = d : f \text{이다.}$$

$a : b = d : e$ 이므로

$$a : d = b : e$$

가 성립한다. 이식은

$$db = ae \quad (1)$$

을 의미한다.

$$b : c = e : f$$

이므로

$$b : e = c : f$$

가 성립하고 이식은

$$ec = bf \quad (2)$$

를 의미한다.

(1)과 (2)의 좌변은 좌변끼리 우변은 우변끼리 곱하면

$$dbec = aebf$$

가 된다. 이 식의 양변을 be로 나누면

$$cd = af$$

가 된다. 이것은

$$a : c = d : f$$

를 의미한다.

[성질 5-15]

$$a:c=d:f \text{이고 } b:c=e:f \text{이면}$$
$$(a+b):c=(d+e):f \text{이다.}$$

$a:c=d:f$이므로

$$af = cd \quad (1)$$

이다. $b:c=e:f$이므로

$$ce = bf \quad (2)$$

이다.

이때

$$\begin{aligned} c(d+e) &= cd + ce \\ &= af + bf \\ &= (a+b)f \end{aligned}$$

이므로

$$(a+b):c = (d+e):f$$

이 성립한다.

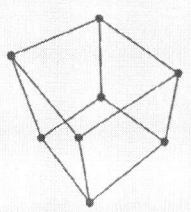

누구나 읽을 수 있는
유클리드 기하학원론 II

5-3 비례식의 응용

[성질 5-16]

네 개의 수 a_1, a_2, a_3, a_4를 생각하라. 이때

$$\frac{a_1}{a_2} = \frac{a_3}{a_4}$$

가 성립한다. 만일 네 개의 수에 같은 수 r을 곱해 새로운 네 수 b_1, b_2, b_3, b_4를 만들면

$$\frac{b_1}{b_2} = \frac{b_3}{b_4}$$

가 성립한다.

증명은 다음과 같다.

$$\frac{b_1}{b_2} = \frac{ra_1}{ra_2} = \frac{a_1}{a_2}$$

$$\frac{b_3}{b_4} = \frac{ra_3}{ra_4} = \frac{a_3}{a_4}$$

[성질 5-17]

네 수 a_1, a_2, a_3, a_4를 생각하라. $a_1 : a_2 = a_3 : a_4$라고 하자.
이때 다음이 성립한다.

(I) $a_1 > a_3$이면 $a_2 > a_4$이다.
(II) $a_1 = a_3$이면 $a_2 = a_4$이다.
(III) $a_1 < a_3$이면 $a_2 < a_4$이다.

$a_1 : a_2 = a_3 : a_4$이므로

$$a_1 = a_3 k$$
$$a_2 = a_4 k$$

이다. 이때

$$\frac{a_1}{a_3} = k$$

가 되는데 $a_1 > a_3$이면 $k > 1$이 된다. 그러므로

$$\frac{a_2}{a_4} = k > 1 \text{이므로}$$

$a_2 > a_4$이다.

[성질 5-18]

네 수 a_1, a_2, a_3, a_4를 생각하라. $a_1 : a_2 = a_3 : a_4$이고 a_1이 가장 큰 수이고, a_4가 가장 작은 수라고 하자. 이때 다음이 성립한다.

$$a_1 + a_4 > a_2 + a_3$$

이때 다음과 같이 놓을 수 있다.

$$a_1 = ka_3$$
$$a_2 = ka_4$$

a_1이 가장 큰 수이므로,

$$k > 1$$

이다.
이때,

$$a_1 - a_3 = (k-1)a_3$$
$$a_2 - a_4 = (k-1)a_4$$

가 된다. a_4가 가장 작은 수이므로

$$a_1 - a_3 > a_2 - a_4$$

가 되고,

$$a_1 + a_4 > a_2 + a_3$$

가 된다.

[성질 5-19]

여섯 개의 수 $a_1, a_2, a_3, a_4, a_5, a_6$를 생각하라.

이때 $a_1 : a_2 = a_4 : a_5$이고 $a_2 : a_3 = a_5 : a_6$이라고 하자. $a_1 > a_3$이면 $a_4 > a_6$이다.

$a_1 : a_2 = a_4 : a_5$ 이므로

$$a_1 a_5 = a_2 a_4 \quad (1)$$

이다. $a_2 : a_3 = a_5 : a_6$ 이므로

$$a_3 a_5 = a_2 a_6 \quad (2)$$

이다.

(1)의 좌변을 (2)의 좌변으로 나누고, (1)의 우변을 (2)의 우변으로 나누면

$$\frac{a_1}{a_3} = \frac{a_4}{a_6}$$

가 된다.

따라서 $a_1 > a_3$이면 $a_4 > a_6$이다.

[성질 5-20]

여섯 개의 수 $a_1, a_2, a_3, a_4, a_5, a_6$를 생각하라.

이때 $a_1 : a_2 = a_5 : a_6$이고 $a_2 : a_3 = a_4 : a_5$라고 하자. $a_1 > a_3$이면 $a_4 > a_6$이다.

$a_1 : a_2 = a_5 : a_6$이므로

$$a_1 a_6 = a_2 a_5 \quad (1)$$

이다. $a_2 : a_3 = a_4 : a_5$이므로

$$a_3 a_4 = a_2 a_5 \quad (2)$$

이다. (1) (2)에서

$$a_1 a_6 = a_3 a_4$$

또는

$$\frac{a_1}{a_3} = \frac{a_4}{a_6}$$

가 된다.

따라서 $a_1 > a_3$이면 $a_4 > a_6$이다.

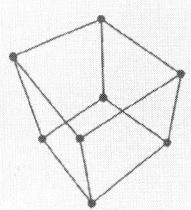

5-4 배수

어떤 자연수를 몇 배(1배, 2배, 3배, …) 한 수를 그 수의 배수라고 한다. 예를 들어 자연수 a의 배수는

$a, 2 \times a, 3 \times a, 4 \times a, \cdots$

이다. 배수 중에서 가장 작은 수는 그 수 자신이다.

배수판정법은 다음과 같다.

(1) 일의 자리 숫자가 0,2,4,6,8이면 2의 배수이다.

[예] 12, 34, 46, 58, 70은 2의 배수이다.

(2) 일의 자리 숫자가 0,5이면 5의 배수이다.

[예] 35, 50, 125는 5의 배수이다.

(3) 각 자리숫자의 합이 3의 배수이면 그 수는 3의 배수이다.

[예] 345는 3 + 4 + 5 = 12가 3의 배수이므로 3의 배수이다.

(4) 각 자리 숫자의 합이 9의 배수이면 그 수는 9의 배수이다.

[예] 819는 8 + 1 + 9 = 18이 9의 배수이므로 9의 배수이다.

(5) 끝의 두 자리 수가 4의 배수이면 그 수는 4의 배수이다.

[예] 1248은 48이 4의 배수이므로 4의 배수이다.

(6) 홀수 번째 자리 숫자의 합과 짝수 번째 자리 숫자의 합이 같거나 그 차가 11의 배수이면 그 수는 11의 배수이다.

[예] 12463을 보자. 홀수 번째 자리 숫자의 합은 1 + 4 + 3 = 8이고 짝수 번째 자리의 수의 합은 2 + 6 = 8 이므로 11의 배수이다.

[성질 5-21]

여섯 개의 자연수 $a_1, a_2, a_3, a_4, a_5, a_6$를 생각하라.

$a_3 = ma_4$, $a_1 = ma_2$이고 $a_6 = na_4$, $a_5 = na_2$라고 하자. 여기서 m, n은 자연수이다.

이때 $a_3 + a_6$은 a_4의 배수이고 $a_1 + a_5$은 a_2의 배수이다.

$$a_3 + a_6 = ma_4 + na_4 = (m+n)a_4$$

이므로 $a_3 + a_6$은 a_4의 배수이다.

$$a_1 + a_5 = ma_2 + na_2 = (m+n)a_2$$

이므로 $a_1 + a_5$는 a_2의 배수이다.

[성질 5-22]

네 개의 자연수 a_1, a_2, a_3, a_4를 생각하라.

$$a_1 = ma_2, \ a_3 = ma_4 \text{이면}$$

$ra_1 + sa_3$는 $ra_2 + sa_4$의 배수이다.

$$ra_1 + sa_3$$
$$= rma_2 + sma_4$$
$$= m(ra_2 + sa_4)$$

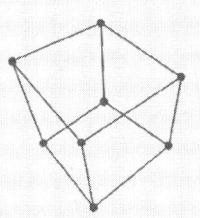

누구나 읽을 수 있는
유클리드 기하학원론 Ⅱ

제6권

도형의 닮음

한 도형을 일정한 비율로 확대 또는 축소하여 다른 도형과 합동이 되게 할 수 있을 때 이 두 도형은 서로 닮은 도형이다 또는 닮음인 관계에 있다고 한다.

예를 들어 다음 그림과 같이 닮음 관계에 있는 두 삼각형을 보자. 삼각형 A'B'C'은 삼각형 ABC를 각변의 길이가 2배가 되도록 확대한 것이다.

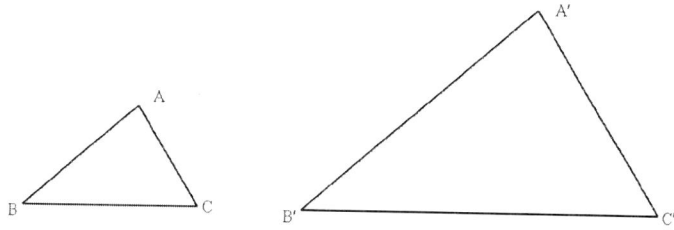

이때 A와 A', B와 B', C와 C'을 대응하는 꼭지점이라고 하고, 변AB와 변 A'B', 변BC와 변B'C', 변CA와 변C'A'을 대응하는 변이라고 하고, ∠A와 ∠A', ∠B와 ∠B', ∠C와 ∠C'을 대응하는 각이라고 한다.

이때 두 삼각형 ABC와 A'B'C'의 대응하는 변의 길이의 비를 비교하면

$$\overline{AB}:\overline{A'B'}=\overline{BC}:\overline{B'C'}=\overline{CA}:\overline{C'A'}=1:2$$

가 되는 데 이것을

두 닮은 삼각형의 닮음비

라고 부른다.

● **삼각형의 닮음조건**

다음 세 가지 조건 중에서 어느 한 조건을 만족하면 삼각형 ABC와 삼각형 A'B'C'은 닮은 도형이 된다.

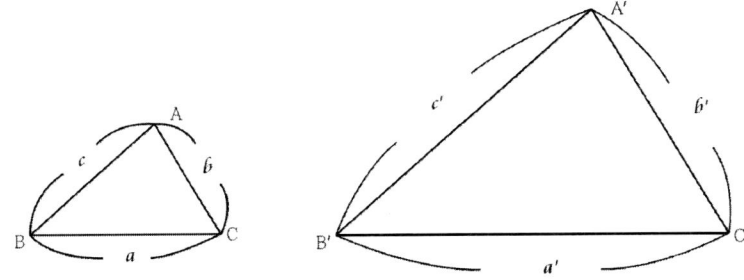

(1) 세 쌍의 대응하는 변의 길이의 비가 같다.

$$a : a' = b : b' = c : c'$$

(2) 두 쌍의 대응하는 변의 길이의 비가 같고, 그 끼인각의 크기가 같다.

$$a : a' = c : c', \quad \angle B = \angle B'$$

(3) 두 쌍의 대응하는 각의 크기가 같다.

$$\angle B = \angle B', \quad \angle C = \angle C'$$

[성질 6-1]

두 삼각형이 높이가 같으면 그들의 넓이는 밑면의 길이에 비례한다.

다음 그림과 같은 두 삼각형을 생각하자.

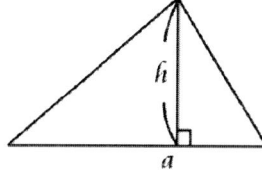 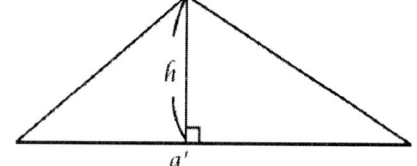

왼쪽 삼각형의 넓이를 S라고 하면

$$S = \frac{1}{2}ah$$

이고 오른쪽 삼각형의 넓이를 S'이라고 하면

$$S' = \frac{1}{2}a'h$$

가 되어,

$$S : S' = a : a'$$

이 된다.

그러므로 높이가 같은 삼각형의 넓이는 밑변의 길이에 비례한다.

[성질 6-2]

다음 그림에서 DE와 BC는 평행이다.

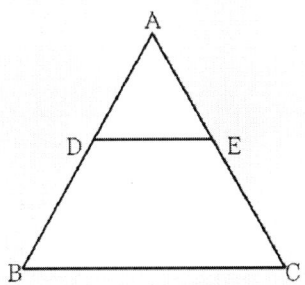

이때 AD : AB = AE : AC
이다.

삼각형 ADE와 삼각형 ABC는 닮음이다. 그러므로

$$AD : AB = AE : AC$$

가 성립한다.

[성질 6-3]

직각삼각형에서 직각인 점에서 빗변에 수선을 그었을 때 생기는 두 삼각형은 원래의 삼각형과 닮음이다.

다음 그림을 보자. 여기서 각A는 직각이다.

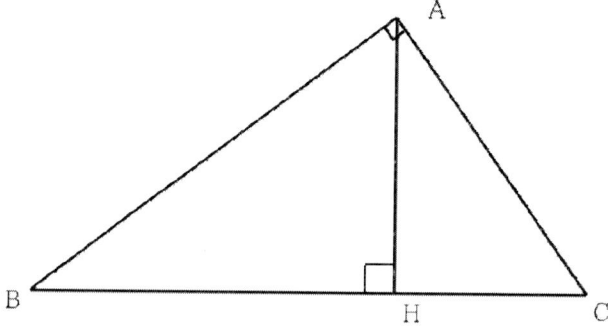

삼각형 ABH는 직각삼각형이고 삼각형 ABH와 삼각형 ABC에서 각B는 공통이므로 두 삼각형은 닮음이다. 마찬가지로 삼각형 AHC도 삼각형 ABC와 닮음이다.

[성질 6-4]

다음 두 삼각형은 닮음비가 $1:K$이다.

$\theta\,\theta$

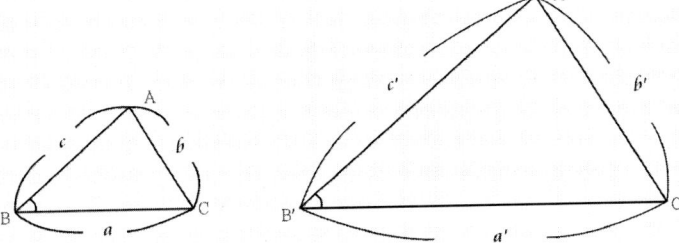

이때 두 삼각형의 넓이의 비는 $1:K^2$이다.

닮음비가 $1:K$이므로
$$a:a' = b:b' = c:c' = 1:K$$
가 된다. 이때 삼각형 ABC의 넓이를 S라고 하면
$$S = \frac{1}{2}ac\sin\theta$$
이다. 삼각형 A′B′C′의 넓이를 S'라고 하면
$$S' = \frac{1}{2}a'c'\sin\theta$$
가 된다. $a' = Ka$, $c' = Kc$이므로
$$S' = K^2 S$$
가 된다.

[성질 6-5]

다음 그림과 같이 두 평행사변형을 보자.

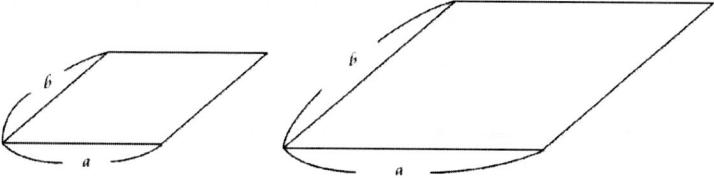

$a : a' = 1 : K$이고 $b : b' = 1 : L$이면 두 평행사변형의 넓이의 비는

$$1 : KL$$

이다.

왼쪽 평행사변형의 넓이를 S라고 하고 오른쪽 평행사변형의 넓이를 S'이라고 하면

$$S = ab\sin\theta$$
$$S' = a'b'\sin\theta$$

이다. $a' = Ka$, $b' = Lb$이므로

$$S' = KLab\sin\theta = KLS$$

가 된다.

누구나 읽을 수 있는
유클리드 기하학원론 II

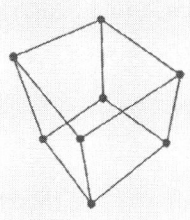

제 7 권

정수론

호제법

7권에서 가장 중요한 것은 두 수의 최대공약수를 찾는 방법인 유클리드 호제법이다. 예를 들어 55와 240의 최대 공약수를 유클리드 호제법을 이용하여 구해보자. 두 수 중 큰 수인 240을 작은 수인 55로 나눈 나머지는 20이다. 이것을 다음과 같이 쓴다.

$$\begin{array}{r} 4 \\ 55 \overline{)240} \\ 220 \\ \hline 20 \end{array}$$

다음 55를 20으로 나눈 나머지는 15이므로 다음과 같이 쓴다.

$$\begin{array}{r} 2 \\ 20 \overline{)55} \\ 40 \\ \hline 15 \end{array}$$

다음 20을 15로 나눈 나머지는 5이므로 다음과 같이 쓴다.

$$\begin{array}{r} 1 \\ 15 \overline{)20} \\ 15 \\ \hline 5 \end{array}$$

다음 15를 5로 나눈 나머지는 0이 되는 데 이렇게 나머지가 0이 나오게 하는 나누는 수 5가 바로 처음 두 수의 최대공약수이다.

유클리드의 호제법을 도표로 정리해보면 다음과 같다.

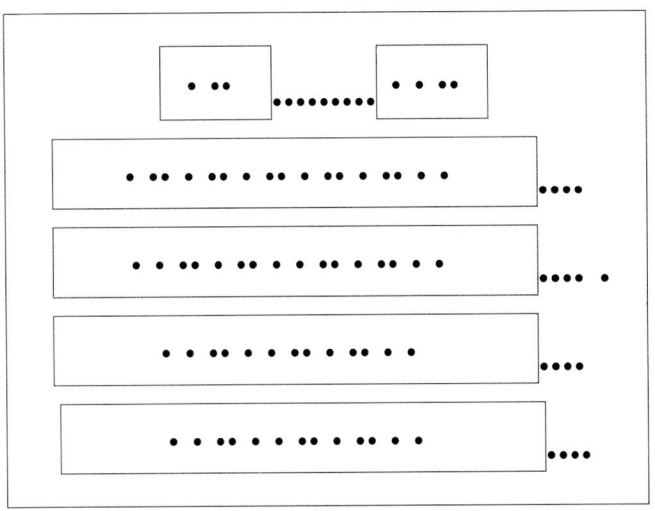

유클리드 호제법은 이런 식으로 나머지가 0이 될 때까지 진행된다. 이 경우 ㉡을 ㉢으로 나눈 나머지가 0이므로 ㉢이 최대공약수이다.

소수와 합성수

소수는 1과 자기 자신만을 약수로 갖는 수로 다음과 같다. 예를 들어, 2는 1과 2로만 나누어지므로 소수이지만 4는 1과 2와 4로 나누어지므로 소수가 아니다. 즉, 소수는 반드시 두 개의 약수만을 가지게 되는 데 몇 개의 소수를 나열하면 다음과 같다.

2, 3, 5, 7, 11, 13, 17, 19, …

4처럼 소수가 아닌 수는 약수의 개수가 3개 이상이 되는데 이 수는 합성수라고 부른다. 1은 약수의 개수가 한 개인 유일한 수이므로 소수도 합성수도 아니다. 그러므로 유클리드의 분류에 의하면 자연수는 1과 소수와 합성수로 나눌 수 있다.

소수는 그리스사람들이 처음 발견했을까? 결론적으로 말하면 그렇지 않다. 고고학자들의 발견에 의하면 인류는 아주 오래전부터 소수를 알고 있었다. 적도를 지나는 중앙아프리카 산맥에서 유물을 찾던 고고학자들이 기원전 6500년 전 것으로 보이는 동물의 뼈를 발견했는데 그 뼈에는 소수를 나타내는 눈금이 새겨져 있었다. 동물의 뼈에 새겨진 금을 헤아려 보니 11개, 13개, 17개, 19개로 소수에 해당하는 눈금만 새겨져 있었다. 이 뼈는 고고학자들의 기증으로 벨기에 브뤼셀에 있는 왕립자연과학연구소에 보관되었는데 고대 수학연구회는 이 뼈에 새긴 눈금이 소수인 걸로 보아 이 뼈가 소수를 가르치는 교재 도구로 사용된 것이 아닌가 생각하고 있다. 만일 이 가설이 사실이라면 인류는 적어도 기원전 6500년 전에 소수를 알고 있었던 셈이다.

기원전 323년 알렉산더 대왕의 갑작스러운 죽음으로 그를 섬기던 장군들에 의해 그가 지배하고 있던 수 많은 영토들이 여러 나라로 나뉘어졌다. 그 중 이집트 땅은 프톨레마이오스가 지배했는데 그는 알렉산드리아에 무세이움(museum)이라는 수학 연구소를 만들어 세계적인 학자들을 연구소에서 일하게 했다. 이 연구소에 세계에서 가장 위대한 수학책으로 일컬어지는 <<원론(Elements)>>의 저자인 유클리드가 있었다. 유클리드의 생애에 대해서는 거의 알려진 것이 없고 그가 알아낸 수학적인 업적은 기원전 300년에 쓰여진 그의 책 <<원론>>을 통해서 알려져 있다.

[유클리드]

유클리드의 <<원론>>은 13권으로 이루어져 있다. 이 책은 수에 대한 내용뿐 아니라 도형에 대한 많은 내용을 다루고 있다.

[유클리드의 원론]

<<원론>>의 7권, 8권, 9권에서 수에 대한 내용을 다루고 있는데 그중 7권이 자연수의 성질에 대한 입문서이다. 7권에서 유클리드는 짝수를 두 개의 같은 자연수의 합으로 나타낼 수 있는 수, 홀수를 그렇지 않은 수로 정의했다. 예를 들어 짝수 4는 2 + 2로 쓸 수 있지만 홀수인 5는 두 개의 같은 자연수의 합으로 나타낼 수 없다.

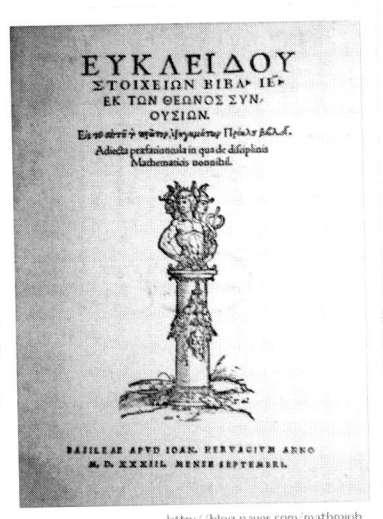

[유클리드 원론의 표지]

7권에서 유클리드는 소수를 처음 정의했다. 유클리드는 모든 합성수를 소수들만의 곱으로 나타낼 수 있음을 알아냈다. 예를 들어 합성수 6은 6 = 2 × 3으로 나타낼 수 있는데 이때 2와 3은 소수이다. 이렇게 합성수를 소수들의 곱만으로 나타낼 때 사용된 소수를 소인수라고 부르고 소인수들의 곱으로 나타내는 것을 소인수분해라고 부른다.

이것은 마치 화합물이 더이상 쪼갤 수 없는 가장 작은 원자로 이루어져 있듯 임의의 자연수를 화합물처럼 소수를 원자처럼 간주한다면 소수가 경이로운 수라는 것을 알 수 있다. 소수는 고대 그리스 수학에서 중요한 역할을

했고 소수에 대한 많은 연구 결과는 유클리드의 <원론>에 수록되어 있다.

에라토스테네스의 체

소수를 일반적으로 찾을 수 있는 방법을 처음으로 제시한 사람은 지구의 반지름을 처음 측정한 것으로 유명한 그리스의 에라토스테네스이다.

그는 소수가 아닌 수를 걸러내면서 소수만을 남기는 방법으로 1부터 어떤 자연수까지 소수를 모두 찾아내는 방법을 알아냈는데 마치 체를 통해 불순물을 걸러내는 과정과 비슷하다고 해서 이 방법을 에라토스테네스의 체라고 부른다.

에라토스테네스의 방법으로 1부터 50까지 수 중에서 소수를 모두 찾아보자. 우선 1부터 50까지의 수를 모두 적는다.

우선 1은 소수가 아니니까 지운다. 2는 소수이지만 2를 제외한 2의 배수를 모두 써보면

$4, 6, 8, 10, \cdots$

가 되는 데 이 수들은 모두 2를 약수로 가지므로 소수가 아니다. 그러므로 2를 제외한 2의 배수를 모두 지우면 다음 수들이 남는다.

2 다음으로 작은 소수는 3이다. 같은 방법으로 3을 제외한 모든 3의 배수를

지우면 다음 수들이 남는다.

같은 방법으로 5를 제외한 모든 5의 배수를 지우면 다음과 같이 된다.

같은 방법으로 7을 제외한 7의 배수를 모두 지우면 다음과 같이 된다.

다음에는 11을 제외한 11의 배수를 모두 지운다. 하지만 더 이상 지울 것이 없다. 11의 배수인 22,33,44가 이미 지워진 후였기 때문이다. 다시 3을 제외한 13의 배수가 모두 지운다. 이때 39가 사라진다.

	•	•		•		
••		••			••	••
		••				••
••					••	
••		••			••	

이런 식으로 계속하면 위 표와 같은 수들이 남게 된다. 이 수들이 바로 1과 50 사이의 소수들이다.

공약수와 최대공약수

공약수에 대해 알아보자. 12의 약수를 모두 쓰면

1, 2, 3, 4, 6, 12

이다. 이번에는 18의 약수를 모두 써보자.

1, 2, 3, 6, 9, 18

12의 약수이면서 동시에 18의 약수인 수를 쓰면

1, 2, 3, 6

이 되는 데, 이것을 두 수 12와 18의 공약수라고 부른다. 이 중에서 가장 큰 수는 6인 데 이것을 최대공약수라고 부른다. 즉, 12와 18의 최대공약수는 6이다. 두 수의 공약수는 두 수의 최대공약수의 약수라는 사실을 알 수 있다. 정리하면 다음과 같다.

- 두 개 이상의 자연수의 공통인 약수를 공약수라고 하고 그중 가장 큰 수를 최대공약수라고 부른다.
- 두 자연수의 공약수는 최대공약수의 약수이다.

이제 어떤 두 수의 최대공약수를 구하는 방법에 대해 알아보자. 예를 들어 36과 90의 최대공약수를 구해보자.

36을 소인수 분해하면

$36 = 2^2 \times 3^2$

이 되고 90을 소인수분해하면

$90 = 2 \times 3^2 \times 5$

이 된다. 이것을 거듭제곱을 쓰지 말고 소인수들의 곱으로 쓴다.

$36 = 2 \times 2 \times 3 \times 3$
$90 = 2 \times 3 \times 3 \times 5$

두 수의 소인수 분해에 들어있는 공통인 소수의 개수를 나열한다.

	36	90
2	2개	1개
3	2개	2개
5	0개	1개

이때 두 수의 소인수분해에 포함된 소수의 개수가 작은 쪽을 체크하자.

	36	90
2	2개	1개
3	2개	2개
5	0개	1개

따라서 2를 1개, 3을 2개 곱하면

$2 \times 3 \times 3 = 18$

이 되는 데 이것이 바로 두 수 36과 90의 최대공약수이다.

이번에는 세 수의 최대공약수를 구하는 방법을 알아보자. 예를 들어 12, 42, 60의 최대공약수를 구해보자.

세 수를 공통의 소인수로 계속 나눈다. 이 과정은 더 이상 세 수의 공통 소인수가 없을 때 까지 한다.

$$
\begin{array}{r|rrr}
2 & 12 & 42 & 60 \\
3 & 6 & 21 & 30 \\
\hline
 & 2 & 7 & 10
\end{array}
$$

이때 공통의 소인수인 2와 3을 곱하면 그것이 세 수의 최대공약수이다. 그러므로 세 수 12, 42, 60의 최대공약수는 2 ×3 = 6 이다.

이번에는 '서로 소' 에 대해 알아보자. 9와 10의 공약수를 구해보자. 9의 약수는 1, 3, 9이고 10의 약수는 1, 2, 5, 10이다. 이때 9와 10의 공약수는 1뿐인데 이렇게 두 수의 공약수가 1뿐일 때 두 수는 '서로 소' 라고 한다. 즉, 9와 10은 서로 소이다.

공배수와 최소공배수

이번에는 공배수에 대해 알아보자. 3의 배수를 모두 써보면
3, 6, 9, 12, 15, ⋯
이 된다. 그리고 4의 배수를 모두 쓰면
4, 8, 12, 16, 20, 24, ⋯
이 된다. 여기서 3의 배수이면서 동시에 4의 배수인 것을 쓰면

12, 24, 36, ⋯

이 된다. 이것을 3과 4의 공배수라고 부른다.

공배수들 중에서 제일 작은 수 12를 최소공배수라고 부른다. 두 수의 공배수는 바로 최소공배수의 배수라는 것을 알 수 있다.

● 두 개 이상의 자연수의 배수들 중에서 공통인 수를 공배수라고 하고 그 중 가장 작은 수를 최소공배수라고 부른다.

이제 어떤 두 수의 최소공배수를 구하는 방법에 대해 알아보자. 예를 들어 24와 60의 최소공배수를 구해보자. 24를 소인수 분해하면

$$24 = 2^3 \times 3$$

이 되고 60을 소인수분해하면

$$60 = 2^2 \times 3 \times 5$$

이 된다. 이것을 거듭제곱을 쓰지 말고 써보자.

$$24 = 2 \times 2 \times 2 \times 3$$
$$60 = 2 \times 2 \times 3 \times 5$$

두 수의 소인수 분해에 들어있는 공통인 소수의 개수를 나열해보자.

	24	60
2	3개	2개
3	1개	1개
5	0개	1개

이때 두 수의 소인수분해에 포함된 소수의 개수가 큰 쪽을 체크해보자.

	24	60
2	3개	2개
3	1개	1개
5	0개	1개

따라서 2를 3개, 3을 1개, 5를 1개 곱하면

$2 \times 2 \times 2 \times 3 \times 5 = 120$

이 되는 데 이것이 바로 두 수 24와 60의 최소공배수이다.

세 수의 최소공배수를 구하는 방법을 알아보자. 예를 들어 12, 42, 60의 최소공배수를 구해보자.

우선 공통의 소인수로 나눈다.

```
2 ) 12   42   60
3 )  6   21   30
     2    7   10
```

세 수 2, 7, 10중 두 수의 공약수가 있어도 이 과정을 계속한다. 즉, 2와 10의 공약수가 2이므로 2로 나눈 몫을 내려쓴다. 이때 7은 그대로 내려온다.

```
2 ) 12   42   60
3 )  6   21   30
2 )  2    7   10
     1    7    5
```

세 수 1, 7, 5 중 어떤 두 수도 공약수가 없으므로 여기서 멈춘다.
이때 최소공배수는 $2 \times 3 \times 2 \times 1 \times 7 \times 5 = 420$가 된다.

소인수분해

모든 합성수는 소수의 곱만으로 나타낼 수 있다. 이렇게 어떤 자연수를 소수들만의 곱으로 나타내는 것을 소인수분해라고 한다.
예를 들어 60을 소인수분해 해보자. 두 가지 방법이 있다.
먼저 60을 두 수의 곱으로 써보자. 예를 들어 2×30이라고 썼다면 다음과 같이 나타내자.

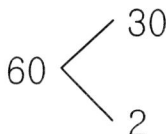

2는 소수이니까 놔두고 30을 다시 두 수의 곱으로 나타낸다. 예를 들어 $30 = 2 \times 15$라고 했다면

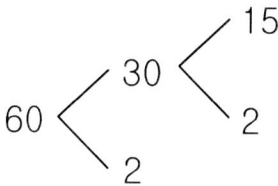

다시 15를 두 수의 곱으로 나타낸다. 예를 들어 $15 = 3 \times 5$라고 했다면

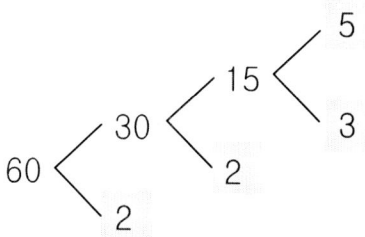

이제 소수들만 나타나므로 여기서 스톱. 그러니까 60을 소인수분해하면

$60 = 2 \times 2 \times 3 \times 5 = 2^2 \times 3 \times 5$

이 된다.

두 번째 방법은 작은 소수부터 차례로 나누는 방법이다. 60을 2로 나누면 몫이 30이다. 이것을 다음과 같이 쓴다.

$$2 \overline{\smash{)}\, 60}$$
$$30$$

30을 소수 2로 나누면 몫이 15이다. 이것을 다음과 같이 쓴다.

$$2 \overline{)60}$$
$$2 \overline{)30}$$
$$15$$

15는 2로 안 나누어지므로 3으로 나눈다. 이때 몫이 5이므로 이것을 다음과 같이 쓴다.

$$2 \overline{)60}$$
$$2 \overline{)30}$$
$$3 \overline{)15}$$
$$5$$

5는 소수이므로 여기서 스톱. 그러니까 60을 소인수분해하면

$60 = 2 \times 2 \times 3 \times 5 = 2^2 \times 3 \times 5$

이 된다.

이제 7권에 포함된 재미난 성질을 살펴보자. 특별한 말이 없으면 수는 자연수를 지칭한다.

누구나 읽을 수 있는
유클리드 기하학원론 II

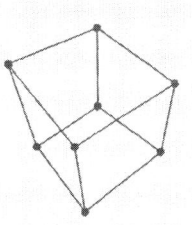

제7-1권

약수

[성질 7-1]

두 자연수 a, b를 생각하라. $a < b$이다. 이때 두 수의 관계는 다음 두 가지 중의 하나이다.

(i) a는 b의 약수이다.

(ii) $a = pb$이고 p는 양의 유리수이다.

예를 들어 2, 4를 보면
2는 4의 약수이다.

3과 4를 보면
$3 = p \times 4$ 이고 $p = \dfrac{3}{4}$는 유리수이다.

[성질 7-2]

a가 b의 p배이고, c가 d의 p배이면
$a+c$는 $b+d$의 p배이다.

a가 b의 p배이므로
$a = pb$
c가 d의 p배이므로

$c = pd$
따라서
$a+c = p(b+d)$

[성질 7-3]

a가 b의 p배이고, c가 d의 p배이면
$a-c$는 $b-d$의 p배이다. (단 $a > c, b > d$이다)

a가 b의 p배이므로
$a = pb$
c가 d의 p배이므로

$c = pd$
따라서
$a-c = p(b-d)$

누구나 읽을 수 있는
유클리드 기하학원론 II

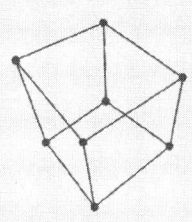

제7-2권

서로소

$a:b$가 가장 작은 수들로 나타내어진다면 a,b는 서로 소이다. 예를 들어 4 : 6 = 2 : 3으로 나타낼 수 있으므로 4와 6은 서로 소가 아니지만 2와 3은 서로 소이다.

[성질 7-4]

a와 mb가 서로소이면 a와 b도 서로소이다.

a와 mb가 서로소일 때 a와 b가 서로 소가 아니면 두 수는 1이 아닌 공약수를 갖는다. 공약수를 g라고 하면

$a = ga'$
$b = gb'$

이라 쓸 수 있다. 이때

$mb = g(mb)$

이므로 a와 mb는 1이 아닌 공약수 g를 갖는다. 이것은 가정에 모순이 되므로, a와 mb가 서로소일 때 a와 b가 서로 소가 되어야한다.

[성질 7-5]

    a와 c가 서로소이고 b와 c가 서로소이면 ab도 c와 서로소이다.

a와 c가 서로소이고 b와 c가 서로소일 때 ab가 c와 서로소가 아니라면 ab와 c는 1이 아닌 공약수를 갖는다. 공약수를 g라고 하면
$$ab = gM$$
$$c = gN$$
이라 쓸 수 있다. 이때 a, b중 어느 하나는 g를 약수로 가져야한다. 만일 a가 g를 약수로 가진다면 a와 c는 공약수 g를 가지므로 a와 c가 서로소라는 조건에 모순이 된다. 마찬가지로 b가 g를 약수로 가진다면 b와 c는 공약수 g를 가지므로 b와 c가 서로소라는 조건에 모순이 된다. 따라서 a와 c가 서로소이고 b와 c가 서로소일 때 ab가 c와 서로소이어야한다.

[성질 7-6]

    a와 c가 서로 소이면 a^2도 c와 서로소이다.

[성질7-5]에서 $a = b$를 넣으면 된다.

[성질 7-7]

두 수 a, b가 두 수 c, d와 서로 소이면 ab와 cd도 서로 소이다.

두 수 a, b가 두 수 c와 서로 소이므로 [성질7-5]에 의해 ab는 c와 서로 소이다.

두 수 a, b가 두 수 d와 서로 소이므로 [성질7-5]에 의해 ab는 d와 서로 소이다.

c와 d가 ab와 서로 소 이므로 cd는 ab와 서로 소이다.

[성질 7-8]

수 a가 수 c와 서로 소이면 a^2와 c^2도 서로 소이다.

[성질 7-7]에서 $a = b$ $c = d$를 넣으면 된다.

[성질 7-9]

a와 b가 서로 소이면 $a+b$는 a, b와 서로소이다.

a와 b가 서로 소일 때 $a+b$와 a가 서로소가 아니라고 가정하자. 이때 $a+b$와 a의 공약수 중 하나를 g라고 하면

$a + b = gM$

$b = gN$

라 놓을 수 있다.

따라서

$a = g(M - N)$

이 되어 a도 약수 g를 갖는다. 따라서 a와 b는 공약수 g를 갖는다. 이것은 a와 b가 서로 소라는 가정에 모순이다. 그러므로 $a+b$와 a는 서로 소이다.

[성질 7-10]

두 수 a, b의 최소공배수를 구하는 방법을 찾아라.

두 수 a, b에 대해

$$a : b = m : n$$

이 되는 가장 작은 수들 m, n을 찾아라.

이때

$$an = mb = c$$

라고 두면 c가 두 수의 최소공배수이다.

예를 들어, 6과 8의 최소공배수를 구해보자.

$$6 : 8 = 3 : 4$$

이므로

24가 최소공배수이다.

[성질 7-11]

두 수 a, b가 c를 약수로 가지면 두 수의 최소공배수도 c를 약수로 갖는다.

가장 작은 수들 m, n에 대해,

$a : b = m : n$

라 놓으면

(최소공배수) $= bm$

이 된다. b가 c를 약수로 가지므로 최소공배수도 c를 약수로 갖는다.

누구나 읽을 수 있는
유클리드 기하학원론 II

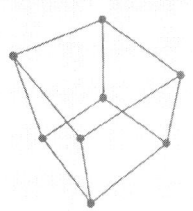

제8권
수들의 비율

<<원론>> 8권에서는 주로 비례에 대한 내용을 다루고 있다. 예를 들어 세 수 1, 2, 4를 보면 1의 두 배가 2가 되고 2의 두 배가 4가 된다. 이렇게 나열되는 수의 열을 등비수열이라고 부른다. 유클리드는 세 수가 등비수열을 이룰 때 다음과 같은 비례식이 성립한다는 것을 처음 알아냈다.

1 : 2 = 2 : 4

등비수열

등비수열은 어떤 수에 일정한 수(공비)를 차례로 곱하여 이루어진 수열을 말한다. 등비수열은 똑같은 숫자가 곱해지는 수열이다. 예를 들어 $1, 2, 4, 8, \cdots$ 을 보자. 1에 2를 곱하면 2가 되고, 다시 2를 곱하면 4가 되고, 다시 2를 곱하면 8이 된다. 따라서 $1, 2, 4, 8, \cdots$ 는 등비수열이다. 이때 똑같이 곱해지는 숫자를 공비라고 하고 r이라고 나타낸다.

첫째 항 = $a = 1, r = 2$ 이니까

$a_1 = a = 1$

$a_2 = 2 = 1 \times 2^1 = 1 \times 2^{2-1}$

$a_3 = 4 = 1 \times 2^2 = 1 \times 2^{3-1}$

$a_4 = 8 = 1 \times 2^3 = 1 \times 2^{4-1}$

그러니까 $a_n = ar^{n-1}$ 이다. 이때

$\frac{a_2}{a_1}$ 는 2, $\frac{a_3}{a_2}$ 도 2, $\frac{a_4}{a_3}$ 도 2이니까 등비수열에서 $\frac{a_{n+1}}{a_n}$ 이 일정하다. 그러니까 $\frac{a_{n+1}}{a_n} = r$ 이다. $r = 1$인 것도 등비수열이다. 예를 들어 $2, 2, 2, 2, \cdots$ 는 공비가 1인 등비수열이다. 일반적으로 첫째 항 = a, 공비 = r 일 때 등비수열의 제 n 항은 $a_n = ar^{n-1}$이 된다.

등비중항

a, b, c 가 이 순서로 등비수열을 이룰 때 $b^2 = ac$ 이다. 이때 b를 a, c 의 등비중항이라 한다.

이것을 증명해보자. a, b, c가 공비 r 인 등비수열이라고 하면
$a_1 = a, a_2 = b = ar, a_3 = c = ar^2$이니까
$b^2 = (ar)^2 = a \cdot ar^2 = ac$
이 된다. 예를 들어, 등비수열 $1, 2, 4$에서 $2^2 = 1 \times 4$이고, 등비수열 $3, 6, 12$에서 $6^2 = 3 \times 12$이다.

[성질 8-1]

1과 a사이에 n개의 수가 들어가 $n+2$개의 수가 등비수열을 이룬다.

1과 b사이에 n개의 수가 들어가 $n+2$개의 수가 등비수열을 이룬다. 이때 a,b사이에 n개의 수가 들어가 $n+2$개의 수가 등비수열을 이루게 할 수 있다.

1과 a사이에 n개의 수를

$$a_1, a_2, \cdots, a_n$$

이라고 하고 등비수열

$$1, a_1, a_2, \cdots, a_n, a$$

의 공비를 r이라고 하면

$$a_1 = r$$
$$a_2 = r^2$$
$$\vdots$$
$$a_n = r^n$$
$$a = r^{n+1}$$

이 된다.

1과 b사이에 n개의 수를

$$b_1, b_2, \cdots, b_n$$

이라고 하고 등비수열

$$1, b_1, b_2, \cdots, b_n, b$$

의 공비를 s 라고 하면

$$b_1 = s$$
$$b_2 = s^2$$
$$\vdots$$
$$b_n = s^n$$
$$b = s^{n+1}$$

이 된다. a, b 사이에 n 개의 수를

$$c_1, c_2, \cdots, c_n$$

이라고 하자. 이때 수열

$$a, c_1, c_2, \cdots, c_n, b$$

또는

$$r^{n+1}, c_1, c_2, \cdots, c_n, s^{n+1}$$

을 보자. 이 수열이 공비 t 인 등비수열이 되려면

$$s^{n+1} = r^{n+1} t^{n+1}$$

이어야 한다. 그러므로 공비를

$$t = \frac{s}{r}$$

로 택하면 주어진 수열은 등비수열을 이룬다.

[성질 8-2]

두 제곱수 a^2, b^2 사이의 등비중항을 구하라.

등비중항을 X라 하면
$$X^2 = a^2 b^2$$
이므로

$$X = ab$$

이다.

[성질 8-3]

두 세제곱 수 a^3, b^3에 두 개의 수를 넣어 네 수가 등비수열을 이루게 하여라.

두 수를 X, Y라고 하면

$$a^3, X, Y, b^3$$

이 등비수열을 이루어야 한다. 이때 공비를 r이라고 하면

$$b^3 = a^3 r^3$$

이므로

$$r = \frac{b}{a}$$

가 되고,

$$X = a^3 r = a^2 b$$
$$Y = a^3 r^2 = b^2 a$$

가 된다.

[성질 8-4]

a, b, c가 등비수열을 이루면

(1) a^2, b^2, c^2도 등비수열을 이룬다.

(2) a^3, b^3, c^3도 등비수열을 이룬다.

(1) a, b, c가 등비수열을 이루므로 b는 등비중항이다. 그러므로

$$b^2 = ac$$

이다. 이제 수열 a^2, b^2, c^2에서

$$(b^2)^2 = (ac)^2 = a^2 c^2$$

이므로 b^2은 등비중항이다. 그러므로 a^2, b^2, c^2도 등비수열을 이룬다.

(2) a, b, c가 등비수열을 이루므로 b는 등비중항이다. 그러므로

$$b^2 = ac$$

이다. 이제 수열 a^3, b^3, c^3에서

$$(b^3)^2 = (ac)^3 = a^3 c^3$$

이므로 b^3은 등비중항이다. 그러므로 a^3, b^3, c^3도 등비수열을 이룬다.

[성질 8-5]

a^2과 b^2 사이에 어떤 수 c를 넣어 세수가 등비수열을 이룰 때 c를 구하라.

a^2, c, b^2 이 등비수열을 이루므로, .

$$c = ab$$

이다.

[성질 8-6]

세 수 a, b, c가 등비수열을 이루고 a가 제곱수이면 c도 제곱수이다.

세 수 a, b, c가 등비수열을 이루므로 공비를 r이라고 하면
$$c = ar^2$$
이 된다. 이때 a가 제곱수이므로
$$a = A^2$$
이라 쓸 수 있고
$$c = (Ar)^2$$
이 된다.

[성질 8-7]

네 수 a, b, c, d가 등비수열을 이루고 a가 세제곱수이면 d도 세제곱수이다.

네 수 a, b, c, d가 등비수열을 이루므로 공비를 r이라고 하면

$$d = ar^3$$

이 된다. 이때 a가 세제곱수이므로

$$a = A^3$$

이라 쓸 수 있고

$$d = (Ar)^3$$

이 된다.

[성질 8-8]

$a : b = k^2 : m^2$ (여기서 k와 m은 자연수)이고 a가 제곱수이면 b도 제곱수이다.

a가 제곱수이므로

$a = A^2$

이라 쓸 수 있다. $a : b = k^2 : m^2$ 에서

$bk^2 = m^2 a = (mA)^2$

또는

$b = \left(\dfrac{mA}{k} \right)^2$

이 되어, b도 제곱수이다.

[성질 8-9]

$a : b = k^3 : m^3$ (여기서 k와 m은 자연수)이고 a가 세제곱수이면 b도 세제곱수이다.

a가 세제곱수이므로

$$a = A^3$$

이라 쓸 수 있다. $a : b = k^3 : m^3$에서

$$bk^3 = m^3 a = (mA)^3$$

또는

$$b = \left(\frac{mA}{k}\right)^3$$

이 되어, b도 세제곱수이다.

누구나 읽을 수 있는
유클리드 기하학원론 Ⅱ

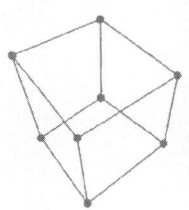

제9권
정수론

<<원론>> 9권에서 가장 중요한 내용은 소수가 무한히 많다는 것이다. 유클리드는 이것을 증명하기 위해 부정의 부정은 긍정이라는 논리를 사용했다. 유클리드의 이 증명 방법은 주어진 명제가 성립하지 않는다고 가정한 후 모순이 발생한다는 것을 보여 주어진 명제가 성립해야함을 증명하는 식이다. 유클리드의 명제를 다시 쓰면 다음과 같다.

' 소수는 무한히 많다.'

주어진 명제가 성립하지 않으면 소수의 개수가 유한하다. 그렇다면 가장 큰 소수가 존재한다. 이렇게 가정했을 때 생기는 모순을 통해 유클리드는 소수가 무한히 많음을 증명하는 것이다. 예를 들어 5가 소수 중에서 가장 큰 수라고 가정해보자. 그러면 소수는 2, 3, 5 세 개 뿐이다. 이때 다음과 같은 수를 보자.

$N = 2 \times 3 \times 5 + 1$

계산을 하면 이 수는 31이다. 이 수는 2로 나누어지지도 않고 3으로 나누어지지도 않고 5로 나누어지지도 않는다. 그러므로 만일 소수가 세 개 뿐이라면 이 수는 소수이다. 그런데 이 수는 5보다 크므로 5가 가장 큰 소수라는 가정과 논리적으로 맞지 않는다. 이럴 때 우리는 모순이 생겼다고 한다. 그러므로 우리는 잘못된 가정을 버려야 한다. 그러므로 5가 가장 큰 소수라는 가정은 틀린 얘기가 된다. 일반적인 유클리드의 증명은 영재들을 위한 페이지에 주어져 있다.

9권에 등장하는 또 하나의 중요한 명제는 완전수에 대한 일반 공식이다. 명제를 쓰면 다음과 같다.

' 모든 완전수는 2의 거듭제곱과 소수와의 곱이다.'

우리가 알고 있는 네 개의 완전수 6, 28, 496, 8128을 소인수 분해하면 다음과 같다.

$6 = 2 \times 3$

$28 = 2^2 \times 7$

$496 = 2^4 \times 31$

$8128 = 2^6 \times 127$

따라서 유클리드의 명제가 성립한다는 것을 알 수 있다.

완전수를 찾는 방법

완전수를 찾는 일반적인 방법을 알아보자. 우선 2의 거듭제곱 수를 차례로 쓴다.

1, 2, 4, 8, 16

이 수들로 연속되는 수들의 합을 구한다.

$1 + 2 = 3$

$1 + 2 + 4 = 7$

$1 + 2 + 4 + 8 = 15$

$1 + 2 + 4 + 8 + 16 = 31$

$1 + 2 + 4 + 8 + 16 + 32 = 63$

$1 + 2 + 4 + 8 + 16 + 32 + 64 = 127$

이 중 3, 7, 31, 127은 소수이지만 15와 63은 소수가 아니다. 이렇게 최종 결과가 소수가 아닌 것을 제외 시키면 다음과 같다.

1 + 2 = 3
1 + 2 + 4 = 7
1 + 2 + 4 + 8 + 16 = 31
1 + 2 + 4 + 8 + 16 +32 + 64 = 127

이때 더한 마지막 수와 결과의 수를 곱하면 완전수를 얻을 수 있다. 즉, 첫 줄에서 2 × 3 = 6, 둘째 줄에서 4 × 7 = 28, 셋째 줄에서 16 × 31 = 496. 넷째 줄에서 64×127 = 8128.

누구나 읽을 수 있는
유클리드 기하학원론 II

제9-1권
제곱수와 세제곱수의 성질

유클리드는 제곱수와 세제곱수의 재미있는 성질들을 연구했다. 또한 등비수열에서 제곱과 세제곱이 나타나는 경우도 연구했다.

[성질 9-1]

세제곱수에 자신을 곱한 수는 세제곱수이다.

이 세제곱수를 a^3이라고 하면

$$a^3 a^3 = (a^2)^3$$

이 되어 세제곱수이다.

[성질 9-2]

어떤 세제곱수에 다른 세제곱수를 곱하면 세제곱수가 된다.

이것은

$$a^3 b^3 = (ab)^3$$

을 의미한다.

[성질 9-3]

세 제곱수에 어떤 수를 곱한 결과가 세 제곱수이면 곱한 수도 세제곱수이다.

어떤 수를 k라고 하자.

a^3k가 세제곱수 b^3이라고 하면

$$a^3k = b^3$$

이 되고,

$$k = \left(\frac{b}{a}\right)^3$$

이 된다.

[성질 9-4]

어떤 수에 자신을 곱했더니 세제곱수가 되었다. 이때 이 수는 세제곱수이다.

어떤 수를 k라고 하자. k^2이 세제곱수이므로

$$k^2 = m^3$$

이라고 놓는다. 이때

$$k = m\sqrt{m}$$

이 되는 데 이 수가 자연수가 되려면 m이 제곱수이어야 한다. 그러므로

$$m = n^2$$

이라고 놓을 수 있다. 그러므로

$$k = n^2\sqrt{n^2} = n^3$$

이 되어 세제곱수가 된다.

[성질 9-5]

수열 $1, a, a_3, a_4, a_5, \cdots$ 가 등비수열을 이룬다. 이때 $a_3, a_5, a_7, a_9, \cdots$ 는 제곱수이다.

수열 $1, a, a_3, a_4, a_5, \cdots$ 가 등비수열을 이루므로 공비는 a이다. 그러므로

$$a_3 = a^2$$
$$a_4 = a^3$$
$$a_5 = a^4$$
$$a_6 = a^5$$
$$a_7 = a^6$$
$$\vdots$$

가 된다.

누구나 읽을 수 있는
유클리드 기하학원론 II

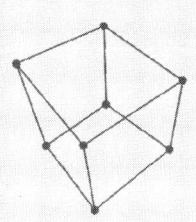

제9-2권

등비수열의 성질

유클리드는 첫째항이 1인 등비수열의 여러 가지 성질을 연구했다.

[성질 9-6]

수열 $1, a, a_2, a_3, a_4 \cdots$ 가 등비수열을 이룬다. 이때

(1) $a_2, a_4, a_6, a_8 \cdots$ 는 제곱수이다.

(2) $a_3, a_6, a_9, a_{12} \cdots$ 는 세제곱수이다.

(3) $a_6, a_{12}, a_{18}, a_{24} \cdots$ 는 제곱수이면서 세제곱수이다.

$1, a, a_2, a_3, a_4 \cdots$ 가 등비수열을 이루므로

$$a_2 = a^2$$
$$a_3 = a^3$$
$$a_4 = a^4$$

이 된다. 일반적으로

$$a_n = a^n$$

이 된다.

(1) $n = 2k$를 넣으면

$$a_n = a_{2k} = a^{2k} = (a^k)^2$$

이 되어 제곱수들이 된다.

(2) $n = 3k$를 넣으면

$$a_n = a_{3k} = a^{3k} = (a^k)^3$$

이 되어 세제곱수들이 된다.

(3) $n = 6k$를 넣으면

$$a_n = a_{6k} = a^{6k} = [(a^k)^2]^3 = [(a^k)^3]^2$$

이 되어 제곱수이면서 동시에 세제곱수들이 된다.

[성질 9-7]

수열 $1, a^2, a_3, a_4, a_5, \cdots$ 가 등비수열을 이룬다. 이때 $a_3, a_4, a_5, a_6, \cdots$ 는 제곱수이다.

수열 $1, a^2, a_3, a_4, a_5, \cdots$ 가 등비수열을 이루므로 공비는 a^2이다. 그러므로

$$a_3 = a^4$$
$$a_4 = a^6$$
$$a_5 = a^8$$
$$a_6 = a^{10}$$
$$a_7 = a^{12}$$
$$\vdots$$

이 되어, $a_3, a_4, a_5, a_6, \cdots$ 는 제곱수이다.

[성질 9-8]

수열 $1, a, a_3, a_4, a_5, \cdots, a_n$가 등비수열을 이룰 때

$$a_n = a_r a_{n-r+1}$$

이 성립한다.

이 등비수열은

$$a_1 = 1$$
$$a_2 = a$$

이므로 공비가 a이다. 그러므로

$$a_r = a^{r-1}$$

이 된다.

$$a_n = a^{n-1} = a^{r-1} a^{(n-r+1)-1} = a_r a_{n-r+1}$$

이 된다.

[성질 9-9]

수열 $1, a, a_3, a_4, a_5, \cdots, a_n$ 가 등비수열을 이룰 때 소수 p가 a_n의 약수이면 p는 a의 약수이다.

귀류법을 써서 간단히 증명할 수 있다.

수열 $1, a, a_3, a_4, a_5, \cdots, a_n$ 가 등비수열을 이룰 때 소수 p가 a_n의 약수이고 p는 a의 약수가 아니라고 가정하자.

소수 p가 a_n의 약수이므로

$$a_n = pm$$

인 자연수 m이 존재한다.
한편

$$a_n = aa_{n-1}$$

이므로

$$aa_{n-1} = pm$$

이다. p는 a의 약수가 아니라고 가정했으므로 p와 a는 서로소이다.

따라서 p는 a_{n-1}의 약수이다.
소수 p가 a_{n-1}의 약수이므로

$$a_{n-1} = pm'$$

인 자연수 m'이 존재한다.

한편

$$a_{n-1} = aa_{n-2}$$

이므로

$$aa_{n-2} = pm'$$

이다. p는 a의 약수가 아니라고 가정했으므로 p와 a는 서로소이다.

따라서 p는 a_{n-2}의 약수이다.

이 과정을 반복하면 결국 p는 a의 약수가 된다. 그런데 p는 a의 약수가 아니라고 가정했으므로 모순이 발생한다. 그러니까 주어진 명제는 참이다.

누구나 읽을 수 있는
유클리드 기하학원론 II

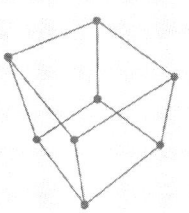

제9-3권
홀수와 짝수의 성질

짝수는 일반적으로 2k로 나타낼 수 있다. 여기서 k는 1, 2, 3, 4, … 로 변하는 수를 나타낸다. 그러니까 2k는 k = 1일 때는 2를 나타내고 k = 2일 때는 4를 나타내고 k = 3일 때는 6을 나타낸다. 그러므로 2k는 k가 자연수일 때 모든 짝수를 나타낸다.

마찬가지로 홀수도 다음과 같이 나타낼 수 있다.

$$2k+1 \quad (\ k=0,1,2,3,4,\ldots\ )$$

$2k+1$은 $k=0$일 때는 1을 나타내고, $k=1$일 때는 3을 나타내고, $k=2$일 때는 5를 나타낸다. 그러므로 괄호 안에 있는 수를 차례로 k의 자리에 대입하면 모든 홀수가 나온다는 것을 쉽게 확인할 수 있다.

[성질 9-10]

짝수와 짝수의 합은 항상 짝수이다.

임의의 두 짝수를 각각 다음과 같이 두자.

$$2n, (n = 1, 2, 3, \cdots)$$
$$2m, (m = 1, 2, 3, \cdots)$$

이때 두 짝수의 합은

$$2n + 2m = 2(n+m)$$

이 되고 $n+m$은 자연수이므로 임의의 두 짝수의 합은 항상 짝수가 된다.

[성질 9-11]

홀수와 홀수의 합은 항상 짝수이다.

임의의 홀수는 $2k+1$의 꼴이므로 두 개의 홀수를

$$2k+1 \quad (k = 0, 1, 2, 3, 4, \ldots)$$
$$2n+1 \quad (n = 0, 1, 2, 3, 4, \ldots)$$

라고 놓자. 이제 두 홀수를 더해보자.

(두 홀수의 합)
$= (2k+1) + (2n+1)$
$= 2k + 2n + 2$

이제 분배법칙을 이용하면

$$\text{(두 홀수의 합)} = 2(k+n+1)$$

이 되고 $k+n+1$은 자연수이므로 두 홀수의 합은 짝수이다.

[성질 9-12]

홀수와 짝수의 합은 홀수이다.

임의의 홀수를 $2k+1$, $(k=0,1,2,3,\cdots)$라고 하고 임의의 짝수를 $2n, (n=1,2,3,\cdots)$라고 하면

$$2k+1+2n = 2(k+n)+1$$

이고 $k+n$는 자연수이므로 $2k+1+2n$은 항상 홀수이다. 그러므로 홀수와 짝수의 합은 항상 홀수이다.

[성질 9-13]

짝수를 n개 더하면 항상 짝수이다.

n개의 짝수를

$$2k_1, 2k_2, \cdots 2k_n$$

이라고 두자. n개의 짝수의 합은

$$2k_1 + 2k_2 + \cdots + 2k_n = 2(k_1 + k_2 + \cdots + k_n)$$

이 되어 짝수이다.

[성질 9-14]

홀수를 n개 더하는 경우를 생각하라.

(1) n이 짝수이면 홀수를 n개 더한 결과는 항상 짝수이다.

(2) n이 홀수이면 홀수를 n개 더한 결과는 항상 홀수이다.

n개의 홀수의 합을 S_n이라 놓자. n개의 홀수를

$$2k_1+1, 2k_2+1, \cdots 2k_n+1$$

이라 놓자. 이때

$$S_n = 2(k_1+k_2+\cdots+k_n)+n$$

이 된다. 여기서 $2(k_1+k_2+\cdots+k_n)$은 짝수이므로 n이 짝수이면 S_n은 짝수이고, n이 홀수이면 S_n은 홀수이다.

[성질 9-15]

짝수에서 짝수를 빼면 짝수이다.

임의의 두 짝수를 각각 다음과 같이 두자.
$$2n, (n = 1, 2, 3, \cdots)$$
$$2m, (m = 1, 2, 3, \cdots)$$

여기서 $n > m$이라 하자. 이때
$$2n - 2m = 2(n-m)$$
이 되고 $n - m$ 은 자연수이므로 짝수에서 짝수를 빼면 짝수이다.

[성질 9-16]

홀수에서 홀수를 빼면 짝수이다.

임의의 홀수는 $2k+1$의 꼴이므로 두 개의 홀수를

$$2k+1 \quad (k = 0, 1, 2, 3, 4, \ldots)$$
$$2n+1 \quad (n = 0, 1, 2, 3, 4, \ldots)$$

라고 놓자. 여기서 $k > n$이다.
이때
$$(2k+1) - (2n+1) = 2(k-n)$$
이 되어, 홀수에서 홀수를 빼면 짝수이다.

[성질 9-17]

홀수에서 짝수를 빼면 홀수이다.

임의의 홀수를 $2k+1$, $(k=0,1,2,3,\cdots)$라고 하고 임의의 짝수를 $2n, (n=1,2,3,\cdots)$라고 하자. $k > n$인 경우를 생각하자. 이때

$$2k+1-2n = 2(k-n)+1$$

이고 $k-n$는 자연수이므로 $2k+1-2n$은 항상 홀수이다. 그러므로 홀수에서 짝수를 빼면 홀수이다.

[성질 9-18]

짝수에서 홀수를 빼면 홀수이다.

임의의 홀수를 $2k+1$, $(k=0,1,2,3,\cdots)$라고 하고 임의의 짝수를 $2n, (n=1,2,3,\cdots)$라고 하자. $n > k+1$인 경우를 생각하자. 이때

$$2n-(2k+1) = 2(n-k-1)+1$$

이고 $n-k-1$는 자연수이므로 $2n-(2k+1)$은 항상 홀수이다. 그러므로 짝수에서 홀수를 빼면 홀수이다.

[성질 9-19]

짝수와 짝수의 곱은 짝수이다.

임의의 두 짝수를 다음과 같이 나타내자.

$$2n, (n=1,2,3,\cdots),\ 2m, (m=1,2,3,\cdots)$$

이때 두 수의 곱은 다음과 같이 된다.

$$(두수의\ 곱) = 2n \times 2m = 2 \times (2nm)$$

여기서 $2nm$은 자연수이므로 임의의 두 짝수의 곱은 항상 짝수가 된다.

[성질 9-20]

홀수와 홀수의 곱은 항상 홀수이다.

두 홀수를 다음과 같이 나타내자.

$$2k+1, (k=0,1,2,3,\cdots)$$
$$2n+1, (n=0,1,2,3,\cdots)$$

$$\begin{aligned}(두수의 곱) &= (2k+1)(2n+1) \\ &= 2k \times 2n + 1 \times 2n + 2k \times 1 + 1 \times 1 \\ &= 2 \times (2kn) + 2 \times n + 2 \times k + 1 \\ &= 2(2kn+n+k)+1\end{aligned}$$

여기서 $2kn+k+n$은 자연수이므로 위 식은 홀수이다. 그러므로 홀수와 홀수의 곱은 홀수이다.

[성질 9-21]

홀수와 짝수의 곱은 짝수이다.

홀수는 $2k+1$, $(k=0,1,2,3,\cdots)$, 짝수는 $2n, (n=1,2,3,\cdots)$으로 나타내면 두 수의 곱은 다음과 같이 된다.

$$(두수의 곱) = (2k+1) \times 2n$$
$$= 2(n(2k+1))$$

이 되어, 홀수와 짝수의 곱은 짝수가 된다.

[성질 9-22]

어떤 홀수가 짝수의 배수이면 그 홀수는 짝수의 절반의 배수이다.

짝수를 $2k$라고 두고 어떤 홀수를 a라고 두자. a가 $2k$의 배수이므로

$$a = L(2k) = (2L)k$$

가 되어,

a는 k의 배수이다.

[성질 9-23]

어떤 수의 절반이 홀수이면 그 수는 홀수와 짝수의 곱이다.

어떤 수를 a라고 두자. 이 수의 절반이 홀수이므로

$$\frac{a}{2} = 2k+1$$

이라 둘 수 있다. 그러므로

$$a = 2(2k+1)$$

이 되어, a는 짝수와 홀수의 곱이다.

누구나 읽을 수 있는
유클리드 기하학원론 II

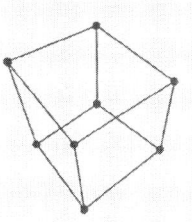

제9-4권

기타

[성질 9-24]

$a_1, a_2, a_3, \cdots, a_n, a_{n+1}$이 등비수열을 이룰 때

$$(a_{n+1} - a_1) : (a_1 + a_2 + \cdots + a_n) = (a_2 - a_1) : a_1$$

이 성립한다.

이 등비수열의 공비를 r이라고 하면

$$a_n = a_1 r^{n-1}$$

이다. 이때 다음 등식이 성립한다.

$$\frac{a_{n+1}}{a_n} = \frac{a_n}{a_{n-1}} = \cdots = \frac{a_3}{a_2} = \frac{a_2}{a_1} \quad (1)$$

$$a_n = r a_{n-1}$$

이므로

$$\frac{a_{n+1} - a_n}{a_n} = r - 1$$

로 일정하다. 그러므로

$$\frac{a_{n+1}-a_n}{a_n}=\frac{a_n-a_{n-1}}{a_{n-1}}=\cdots=\frac{a_3-a_2}{a_2}=\frac{a_2-a_1}{a_1} \quad (2)$$

가 성립한다. 이 비는

$$\frac{(a_{n+1}-a_n)+(a_n-a_{n-1})+\cdots(a_2-a_1)}{a_n+a_{n-1}+\cdots+a_1}$$

$$=\frac{a_{n+1}-a_1}{a_n+a_{n-1}+\cdots+a_1}$$

와 같다. 그러므로

$$\frac{a_{n+1}-a_1}{a_n+a_{n-1}+\cdots+a_1}=\frac{a_2-a_1}{a_1}$$

[성질 9-25]

$a_1, a_2, a_3, \cdots, a_n, a_{n+1}$이 공비 r인 등비수열을 이룰 때

$$S_n = a_1 + a_2 + \cdots + a_n = \frac{a_1(r^n - 1)}{r - 1}$$

이다. (단 $r \neq 1$이다).

[성질 9-24]로부터

$$\frac{a_{n+1} - a_1}{S_n} = \frac{a_2 - a_1}{a_1}$$

이 된다. 그러므로

$$S_n = \frac{a_1(a_{n+1} - a_1)}{a_2 - a_1}$$

$$= \frac{a_1(a_1 r^n - a_1)}{a_1 r - a_1}$$

$$= \frac{a_1(r^n - 1)}{r - 1}$$

이 된다.

[성질 9-25]

$1 + 2 + 2^2 + \cdots + 2^n = p$ 가 소수라면 이때 $2^n \times p$는 완전수이다.

이제 정리를 증명해보자. $2^n \times p$의 진약수의 합은

$$(1 + 2 + 2^2 + \cdots + 2^n) \times (1 + p) - 2^n \times p$$

이다. 이것을 풀어쓰면

$$(1 + 2 + 2^2 + \cdots + 2^n) + p \times (1 + 2 + 2^2 + \cdots + 2^n) - 2^n \times p$$

이다. 이 식을 다음과 같이 쓸 수도 있다.

$$(1 + 2 + 2^2 + \cdots + 2^n) + p \times (1 + 2 + 2^2 + \cdots + 2^{n-1})$$

이때 $1 + 2 + 2^2 + \cdots + 2^n = 2^{n+1} - 1$을 이용하면 위 식은

$$2^{n+1} - 1 + p \times (2^n - 1) = p \times 2^n + (2^{n+1} - 1) - p$$

가 된다.

여기서

$2^{n+1} - 1 = p$ 이므로 $2^n \times p$의 진약수의 합은 $2^n \times p$이 되어 $2^n \times p$는 완전수이다.